한식명장과
요리연구가들이 만든

우리
음식

한식명장과
요리연구가들이 만든

우리 음식

글 이성희
요리 이성희 · 이정애 · 박지현 · 김석애 · 장윤정 · 임원숙
최정수 · 조무순 · 장인자 · 송미경 · 정주호 · 정숙경
박선정 · 정현아 · 최윤교 · 정정여 · 김미선 · 임경애

netmaru

『한식명장과 요리연구가들이 만든 우리 음식』출간을 축하드립니다.

한결같이 우리 음식에 대한 애정을 가지며 연구하고 실현하여 좋은 결과를 만들어 온 성희님이 드디어 요리책을 냈습니다. 책의 내용을 보면 그가 얼마나 다방면으로 숨겨진 비법의 전통향토음식을 찾아다녔는지 알 수 있습니다. 또 옛 조리서를 공부하며 사라질지도 모르는 전통음식을 다시 살아난 음식으로 만들어 주기도 했습니다.

『한식명장과 요리연구가들이 만든 우리 음식』책에 등장한 75가지 음식은 이름만 들어도 궁금해지고, 스토리가 있을 것 같고 직접 만들어 보면 더 재미를 줄 것 같습니다. 궁중음식부터 반가 음식, 향토 음식, 고전 음식까지 산과 들, 바다에서 나는 재료와 밥부터 떡, 조과류, 면, 반찬, 장아찌, 젓갈, 김치까지 참 다양한 음식을 소개합니다.

성희님은 자기가 경험한 노하우를 책으로 만들어 많은 사람과 함께 나누고자 하는 바람으로 고민하며 책을 냈을 줄 압니다. 이 책의 요리가 많은 사람에게 읽혀 정체성을 잃어가는 다국적 시대에 고유한 음식문화를 지켜가는 데 큰 역할을 했으면 합니다.

이 책을 보며 많은 사람이 신기해하고, 맛있는 음식이 만들어져서 먹는 즐거움을 느끼게 되기를 바라며 축하 인사를 대신합니다.

조선왕조 궁중음식 기능보유자 한복려

누가 무엇을 어떻게 먹느냐에 따라 병이 따라오기도 하고 몸을 살려내는 약의 구실도 한다. 이른바 식약동원의 원리가 수긍이 된다면 '먹는다'라는 일상적인 행위는 보다 심오한 영역으로 확장된다.

절간에선 불전에 음식을 바치는 행위도 스님들이나 대중의 식사도 '공양'이라 부른다. 먹는 일이 단순히 배나 채우는 일상적 행위가 아니라 수행의 연장이란 의미도 포함하는 것이다. 음식을 통해 몸을 유지해 깨달음을 얻고 나아가 모든 생명을 이롭게 하겠다는 약속을 되새기게 되니 얼마나 중요한 과정인가.

함부로 먹고 함부로 간수한 몸을 통해 세상이 함부로 굴러간다.

옛 어르신들께서 어떤 태도로 얼마만큼의 정성을 다하여 음식을 대하였던가를 한식명장 이성희를 통해 설핏 엿보았다. 그리고 사람을 살려내는 천하의 생태계가 얼마나 경이로운지도 그녀를 통해 깨닫게 되었다. 자신의 굵은 팔뚝과 거친 손에 얽힌 사연을 술추렴처럼 읊어대는 그녀를 바라보며 오복 중에 둘이나 놓친 박복함을 자주 한탄하기도 했다. 그러면서 우리 땅의 식문화를 실제로 지켜내고 명맥을 이어가는 묵묵한 수행자의 모습도 겹쳐 보게 된다. 그런 그녀의 30여 년에 걸친 수행일지가 세상에 나온다. 사진 몇점과 설명만으로도 귀한 가치를 가늠케 한다. 그런 노고의 산물에 언감생심 군더더기를 없도록 허락해준 것을 진심 감사드린다.

律河, 오늘은 방아잎 들어간 지짐이 먹고 싶으네.

영화배우 이재용

　한식의 우수성을 말하고자 책을 쓰고 저자 인사말을 형식적으로 할 필요는 없으리라. 다만 오랜 시간 한식을 쫓아온 필자는 독자들에게 만들어 드리고픈 우리 음식을 소개하고자 한다. 자연이 오염되고 식자재도 불안한 현대인에게 한식은 다시 주목할 필요가 충분한 음식이다. 긴 세월 각국의 음식들을 배웠지만 결국 허기져서 들고 앉은 것은 밥과 김치다. 굳이 그러려고 하지 않아도 몸이 원하는 것을 먹는 것은 우리가 자연인이기 때문이다.

　한식을 먹고 싶어도 방법을 몰라 인터넷의 바다를 헤엄치는 사람들도 많다. 굳이 이 책으로 방법론을 제시하는 것은 아니다. 다만 이 책이 참고가 되길 바란다. 필자가 생각하는 음식은 인간의 역사다. 무엇을 먹느냐에 따라 사람도 달라진다. 입에 달고 자극적인 음식만 쫓기에는 인생은 의외로 길고 결과는 참담하게 병으로 나타날 수 있기 때문이다. 석가모니처럼 한 끼만 먹고 오후 내내 차와 다식 조금만 먹는 분도 본다. 사람마다 체질이 다르기 때문에 그 어떤 것도 정답은 아니다.

　대통령 세 분을 모셨던 대선배 손성실 셰프님께 전화를 드렸다. 음식에 대한 조언을 듣고 싶다 말씀드렸더니 '마음가짐'이라는 단어를 주셨다. 음식을 만드는 사람도 먹는 사람도 마음가짐이 중요한 것은 아닐는지. 그저 만들고 그냥 먹기에는 음식은 우리에게 귀한 근원이다. 잘 만들고 잘 먹었으면 하는 마음이 간절하다.

처음 책을 시작할 때는 300가지 정도를 들고 앉았었다. 재료를 구하기 쉽고 레시피가 쉬운 것을 골라 75가지의 음식을 담고 한식대가들과 함께 음식을 만들었다. 특별히 김치의 고수 정숙경 대가와 열우물김치 정주호 대표님도 모서 책에 김치의 구색을 갖췄다.

편집진들은 나보다 젊어 똑똑했기에 그들과 의견을 조율했다. 마트, 인터넷으로 구입이 불가능한 재료는 쓰지 않았다.

이 책은 e북으로도 제작된다.

저자 이성희

차
례

① 음식은 위생이 제일 중요하다.
야채는 베이킹소다와 식초로 씻어 물에 30분 동안 담근다.
(수용성 농약 제거)

② 먹던 것이나 개봉한 인스턴트 음식을 상온에 두지 않고 냉장한다.
되도록 먹을 음식만 조리하고 소비한다.

③ 육수를 만들 때 자투리 채소를 이용해서 만들자.
무, 버섯, 파 뿌리, 양파 껍질, 기타 채소 껍질도 잘 세척하면
버리지 않고 육수로 쓸 수 있다.

④ 동결건조 생강, 마늘, 대파, 고추가 있다.
저장성 식품을 만들 때나 채소가 비싼 계절에 좋다.
마트마다 구비되어 있다.

⑤ 스테인레스 제품을 처음 쓸 때는
식용유를 바른 키친타월로 마감재를 닦아내야 한다.
스테인레스에 이물질이 많아지면 과탄산소다 물에 담가 씻으면 말끔해진다.

⑥ 본 책에서 사용하는 컵은 200ml 계량컵을 기준으로 하고 있다.

왕실의 팥물밥 홍반이라
중등밥

조선왕조 왕과 왕비의 평상시 밥상을 수라상이라 한다. 수라상을 차릴 때에는 대원반·곁반·책상반 등 3개의 상을 쓴다. 대원반에 흰밥, 곁반에 팥밥을 올린다. 중등밥이란 팥을 삶은 물에 쌀을 안쳐 지은 팥물밥이다.

요리. 이정애

재료

쌀 5컵
붉은 팥 1컵
물 8컵

만들기

1. 팥을 깨끗이 씻어 물 8컵을 붓고 팥알이 터지지 않을
    정도로 삶아 팥물만 받는다.
2. 쌀을 씻어 **1.**의 팥물을 붓고 밥을 짓는다.

숙수의
조언

- 팥물에 씻은 쌀이나 찹쌀을 밤새 담갔다 쪄도 좋다.
- 팥을 삶을 때 첫 번째 물은 끓어오르면 버리고
  다시 새 물을 받아 삶는다.

손쉽지만 맛있는 밥
닭비빔밥

조선의 3대 음식에는 평양냉면, 개성탕반, 전주 비빔밥이 있다. 전주 비빔밥은 사골육수로 밥을 짓고 육회, 햇김, 황포묵, 쑥갓을 얹어 차가운 콩나물국을 곁들인다. 전주 이외에도 지역별로 유명한 비빔밥이 있다.

안동의 안동 비빔밥은 갖은 나물을 얹고 닭고기, 생선전을 담아 맑은 청장인 지렁간장에 비벼 먹었다. 제사가 없는 날도 먹었다고 하여 헛제삿밥이라고도 한다. 통영 비빔밥은 해산물, 나물을 넉넉히 넣고 청각, 생미역, 톳 등 지역의 풍미 가득한 해초도 넣는다. 거제 멍게젓 비빔밥은 바다향 멍게와 야채를 듬뿍 올린다. 함평 육회 비빔밥은 전국에서 가장 큰 우牛시장이 있는 덕분에 소고기 육회를 푸짐하게 얹는다. 황해도 해주 비빔밥은 닭고기, 갖은 나물을 올리는데 해주 수양산 고사리와 황해도 김, 기름에 볶은 밥을 소금간하고 닭고기 고명하여 해주교반이라 했다.

칠보화반이라 했던 진주 비빔밥은 조선의 정승들도 천리 길 마다 않고 진주로 가서 먹었다는 기록이 있다. 꽃밥이라고도 하는 진주 비빔밥은 놋그릇의 황금빛에 색색의 나물이 어우러져 곱다. 붉은 엿고추장과 우둔살을 곱게 썰어 깨소금, 마늘, 참기름으로 양념한 육회가 반드시 올라간다. 장시간 사골이나 양지국물로 밥을 지어 고소함을 보태고 살코기, 선지, 간, 허파, 천엽, 내장을 푹 곤 국물에 무, 콩나물, 대파를 넣은 얼큰한 선지국도 곁들였다.

요리. 이정애

재료

쌀 1컵
닭가슴살 2쪽
닭가슴살 삶을 월계수잎
1장
대파 1뿌리
통후추 1/2큰술
콩나물 200g

무침 양념
어간장 1큰술
대파 다진 것 1큰술
마늘 다진 것 1/2큰술
고춧가루 1~2큰술(취향껏)
참기름 조금

만들기

1. 쌀은 씻어 물기를 빼둔다.

2. 닭가슴살이 잠기도록 물을 붓고 삶아 육수는 걸러 둔다.

3. 콩나물도 잠길 만큼 물을 붓고 삶아 육수는 걸러 둔다.

4. 닭, 콩나물 육수를 섞어 밥을 짓는다.

5. 닭가슴살은 뜯어서 콩나물과 함께 양념에 무치고, 지어진 밥 위에 듬뿍 올린다.

6. 도라지는 소금물에 삶은 뒤 6cm로 잘라 반으로 가르고, 양념하여 볶으면서 고기 육수를 넣어 부드럽게 한다.

대추향이 기막히구나
대추약밥

대추는 별초 이상을 써야 대추살이 많아 달고 버릴 것이 없다. 대추고를 넣는 수고스러움 대신 대추를 잔뜩 넣은 약밥은 합리적이다.

요리. 이정애

0016

재료

씨를 발라내어 채 썰은
대추 500g
8시간 불린 찹쌀 700g
계피가루 1큰술
소금 1작은술
참기름 100ml
꿀 100ml
잣 30g

만들기

1. 찹쌀을 씻어 8시간 동안 불린 후 소금을 넣어 40분간 찐다.

2. 찐 찰밥에 대추 썰은 것과 계피가루를 섞어 20분간 찐다.

3. 2.의 찰밥을 큰 그릇에 쏟아 잣, 참기름, 꿀을 넣어 살살 비비듯 섞는다.

비단을 덮었더냐?
비단죽

쌀을 완전히 곱게 갈아서 쑨 죽을 무리죽 또는 비단죽이라 했다. 한식에서 가장 일찍 발달하여 온 죽은 그 종류도 많다. 옛사람들은 솜씨 좋은 며느리는 스무 가지 죽은 쑬 줄 알아야 한다고 여겼다. 흰무리(백설기)나 여러 가지 약재를 섞어 찐 떡을 말려 가루로 보존했다가 죽을 끓이기도 했다. 죽은 농도나 끓이는 방법에 따라 명칭도 달랐다. 마실 수 있는 죽은 미음이라 한다. 녹말 가루를 풀어 걸죽하게 끓이면 응이라 한다. 모유 대신 곡식가루나 밤을 밤물에 섞어 끓이면 암죽이라 한다.

비단죽은 비단결 같이 부드러워 씹지 않아도 될 정도의 죽이라는 뜻이 있다. 비단죽의 상징인 타락죽은 환자나 노인에게 좋겠다.

요리. 최정수

볶은 찹쌀가루 1/2컵
(멥쌀가루도 좋다.)
물 1컵
우유 3컵
소금 1작은술

1. 찹쌀을 8시간 동안 불리고 씻어 말린 후 가루로 빻아 냉동
    해두고 쓴다.

2. 찹쌀가루를 노릇노릇하게 볶아서 물에 갠다.

3. 가루가 끓으면 우유를 넣고 약불로 끓이며 먹을 때 소금으
    로 간한다.

방풍나물 넣어 방풍죽이라, 신선이 먹는 죽인 듯 하구나
방풍죽

『증보산림경제』에 수록된 방풍죽의 설명은 "새벽이슬이 앉은 방풍의 새싹을 따다가 죽을 쑨다. 햇볕을 본 것은 좋지 않다. 멥쌀로 죽을 쑤어 쌀이 익고 반쯤 퍼졌을 때 방풍잎을 넣어 끓인다."라고 되어 있다.

강원도 사찰식으로는 방풍을 끓인 물에 쌀을 넣고 끓이다가 퍼지면 방풍물을 끓이고 건져두었던 방풍을 채 썰어 넣고 같이 끓인다.

『임원경제지』의 정조지에도 방풍죽은 새싹으로 끓여 차가운 오지사발에 옮겨 반쯤 식혀 먹으면 그 향이 사흘이 지나도 없어지지 않는다는 과장된 표현도 나온다.

요리. 박지현

재료

방풍잎 15g
멥쌀 70g
소금 약간
물 420ml

만들기

1. 쌀을 씻어 물을 붓고, 끓기 시작하면 쌀이 투명해질 때까지 중불로 끓인다.

2. 쌀이 투명해지면 방풍잎을 채 썰어 넣고 끓여낸다.

3. 소금으로 간한다.

그리움의 맛
아욱으로 죽을 쑤어
아욱죽

아욱은 중국에서는 '채소의 왕'이라고 불릴 정도로 영양이 풍부하다. 칼슘이 풍부하여 노약자들에게도 좋고 식이섬유가 풍부하여 변비 해소에도 도움을 준다. 아욱 잎사귀와 줄기를 다듬고 장을 넣어 죽을 쑤면 별미다.

요리. 박지현

재료

불린 쌀 2컵
물 15컵
다듬은 아욱 200g
소고기 150g
고추장 1/2 큰술
된장 1큰술

고기 양념

간장 1큰술
다진 파 1작은술
다진 마늘 1/2작은술
참기름 1큰술
깨소금 1작은술

만들기

1. 쌀을 씻어 2~3시간동안 불린다.
2. 아욱은 껍질을 벗기고 문질러 씻은 후 풋기를 빼고 다시 씻는다.
3. 고기는 채 썰어 양념한다.
4. 양념한 고기를 볶다가 물을 붓고 끓으면 불린 쌀을 넣는다. 한소끔 끓으면 아욱을 넣고 중간불로 줄인다.
5. 쌀이 익으면 고추장, 된장으로 간하고 한소끔 끓인다.

토마토 과육 즙으로 쑤어
토마토 응이

그냥 먹는 것보다도 끓이면 더 좋은 토마토는 라이코펜이 풍부하다. 응이는 곡물을 갈아서 얻은 녹말로 쑨 죽이다.

요리. 김석애

재료

율무가루 1/2컵
물 4컵
토마토 과육즙 끓인 것
1컵
소금 조금
꿀이나 설탕 조금(가미용)

만들기

1. 율무가루와 물을 넣고 끓인다.

2. 끓기 시작하면 약불로 줄여 말갛게 끓인다.

3. 율무가 익으면 토마토즙을 붓고 한소끔 끓여 간한다.

숙수의 조언

• 응이 재료는 율무, 찹쌀, 쌀 다 좋고, 씻고 불려 갈
아서 곱게 만들어 두고 쓰면 좋다. 냉동 보관한다.

식혜로 쑨 암죽이라
식혜암죽

암죽은 곡식이나 밤 등의 가루를 밥물에 타서
끓인 죽이다. 식혜를 걸러서 끓인 이 암죽은 젖먹이
에게 젖 대신 먹였다.

요리. 김석애

재료

식혜 2컵
불린 쌀 1/2컵
물 4컵
소금 1작은술

만들기

1. 식혜를 체에 걸러 국물만 받고 밥알은 건져둔다.

2. 불린 쌀을 갈아 고운 체에 친다.

3. 식혜 밥알과 물을 끓이다가 쌀 간 것을 넣고 저어가며 중간불로 끓인다.

숙수의 조언

• 죽을 끓이는 냄비는 바닥이 두꺼운 것이 눋지 않아 좋다.

건져 씻으면 건진 국수
그대로 끓이면
제물밀국수

조선시대의 밀가루인 진말은 귀한 식자재였다. 대부분의 사람들은 메밀가루로 국수나 만두를 빚었다. 세도가들은 하얀 밀가루에 콩가루를 넣어 국수를 밀었다. 국수를 삶은 물에 먹는 칼국수가 제물밀국수다.

요리. 김석애

| 재료

밀가루 2컵
양지머리 국물 1컵
맑은 집간장 1큰술
고명용 웃기 조금

| 만들기

1. 밀가루를 되게 반죽하여 젖은 면보로 덮거나 비닐봉지에
   넣어 숙성시킨다.

2. 육수를 펄펄 끓인 후 반죽을 썰어 넣고 다시금 끓여서
   간하고 고명한다.

일년 내내 먹어도
좋은 무로 만들었구나
무전

가을무는 매일 조리해서 먹을 필요가 있는 식자재다. 무를 갈거나 채 썰어 전을 부치면 소화도 잘 되고 맛도 좋다.

요리. 박지현

재료

무 200g
볶은 밀가루나 메밀가루
혹은 부침가루 1큰술
감자전분 1큰술
우유 조금
소금 약간
부침유

만들기

1. 무는 갈거나 가늘게 채 썰어 소금을 뿌려 둔다.

2. 무에서 물이 나오면 그 즙에 부침할 가루를 넣고 수분이
   모자라면 우유를 조금 넣는다.

3. 팬에 노릇노릇 부친다.

숙수의
조언

• 무만 넣지 말고 양파채, 파채, 양배추채 등 길 잃은
야채들이 있으면 넣는다. 야채는 활용도가 높은
찬거리다.

봄이라
봄바지락에 봄쑥이라
쑥바지락죽

부안 위도의 봄바지락은 달고 깊은 맛으로 풍미
가 좋다. 봄바지락과 해풍 맞은 쑥을 뜯어 된장국
을 끓이고 죽을 끓였더니 향기로웠다.

요리. 박지현

재료

봄바지락 200g
봄쑥 100g
육수 4컵
불린 쌀 1/2컵
된장 조금

만들기

1. 육수에 불린 쌀을 넣고 푹 끓인다.

2. 1.에 바지락을 넣고 한소끔 끓으면 된장을 풀고 쑥을 넣는다.

팥죽에 동동
오그랑팥죽

함경도에서는 멥쌀을 익반죽하여 팥과 함께 삶아낸 오그랑떡이 있다. 삶을 때 동그랗게 오그라드는 모양을 보고 이름 붙인 오그랑떡은 촉촉하고 부드러워 소화가 되지 않을 때도 식사 대신 먹기 좋다. 조선족은 신혼집 집들이에도 오그랑팥죽을 쑨다.

요리. 정현아

| 재료

멥쌀가루 1컵
소금 2작은술
팥 1컵
꿀 조금

| 만들기

1. 팥을 깨끗이 씻고 물을 자작하게 부어 첫물이 끓으면 버리고 씻어낸 후 물 6컵을 붓고 다시 푹 끓인다.

2. 밀가루 1/2컵에 소금 1작은술을 넣고 익반죽한 후 날밀가루 1/2컵을 추가하여 말랑말랑하게 반죽한 것을 30분간 숙성한다.

3. 떡을 경단 빚듯 성형한다.

4. 팥물에 소금 1작은술을 넣고 끓으면 떡을 넣어 익혀낸다. 꿀로 간을 더한다.

숙수의
조언

• 죽류는 먹기 직전에 소금 간을 해야 삭지 않는다. 꿀, 설탕 등의 당을 첨가할 수 있다.

풀잎같이 얇은 수제비구나
낭화 浪花

낭화는 수제비의 한 종류로 밀가루를 얇게 밀고
썰어 삶은 것을 건져 장국이나 오미자국에 말았다.
귀가 나게 썰거나 굵고 넓적한 국수 형태로 만들기
도 한다.

요리. 최정수

재료

마른 오미자 1컵
생수 2L
꿀이나 설탕 1/2~1컵
밀가루 2컵
소금 약간
물 약간

만들기

1. 마른 오미자는 씻어 생수에 하루 담가둔다.

2. 색이 난 오미자국물에 꿀이나 설탕으로 간한다.

3. 밀가루는 반죽하고 밀어 얇게 썬다.

4. 끓는 물에 수제비를 넣고 물 위로 떠오르면 건져내어 찬물
   에 헹군다.

5. 오미자국에 수제비를 띄운다.

뚝배기에 끓여야
맛있는 강된장
뽁작장

채소밭 푸성귀들을 뽑아다 매일 먹어도 좋을 찐
된장이 강된장이다. 끓여도 좋으나 중탕으로 찌거
나 밥을 지을 때 밥 위에 앉혀 쪄내면 여름의 깊은
맛이 난다. 호박잎쌈에 올리면 행복한 한 끼로 충분
하다.

요리. 장윤정

재료

막장 10g
(시판 막장도 나와 있다.)
시판 고추장 10g
감자 60g
애호박 60g
무 50g
양파 100g
대파 흰 대 20g
굵게 다진 마늘 10g
다시마육수
(재료가 잠길 정도의 분량)

만들기

1. 야채는 모두 1 x 1cm 크기로 썬다.

2. 대파와 마늘은 숭덩숭덩 썬다.

3. 뚝배기에 채소와 장류를 넣고 재료가 잠기도록 다시마 육수를 부어 끓인다.

천릿길 변치 않는구나
천리장

천릿길을 걷거나 말을 타던 시절의 휴대용 찬이 있었다. 바로 '조선의 다시다'라 할 수 있는 천리장이다. 비비고, 무치고, 끓일 수 있는 만능장이라 하겠다. 천리장은 『증보산림경제』에 나온다. 『증보산림경제』는 조선시대의 생활백서로 숙종 때 홍만선이 편찬했고, 영조 때 유중림이 증보하였다. 약불로 걸쭉하게 달여야 달다.

요리. 장윤정

재료

간장 2L
⋯▸ 졸여서 5컵(1L)

소고기 우둔살 600g
⋯▸ 말려서 가루 60g

만들기

1. 조선간장이나 맛간장을 반으로 졸인다.

2. 소고기는 삶아서 얇게 썰고 말린 뒤 가루로 만든다.

3. 소고기 가루를 간장에 넣고 약불로 졸여 걸쭉한 상태로 만든다.

숙수의 조언

· 집에서 담근 조선간장이 없다면 시판 국간장이나 진간장에 다시마, 건조한 표고버섯, 파 뿌리, 양파 껍질, 무, 북어 대가리 등을 넣고 졸여 만들어 쓴다.

그 옛날 사신 접대음식이
이렇게 쉬울수가
편증

1600년대. 조선의 궁중영접음식문화를 기록한
것이 있다. 중국 사신을 영접한 기록에서 찬품에
대한 재료와 분량이 기술된 것으로 『영접도감의
궤』가 그것이다. 「편증(片蒸)」은 『영접도감의궤』에
수록되어 있는 음식이다. 간단하면서도 씹는 식감
이 좋고 맛있는 주전부리가 된다.

요리. 임원숙

| 재료

다시마 60cm
물 2컵
잣가루 1/2컵

| 만들기

1. 두껍고 질 좋은 다시마를 물에 불려 3 x 4cm 크기로 자른다.

2. 자른 다시마에 물 2컵을 부어 졸인다.

3. 물기가 없도록 졸인 다시마에 잣가루를 묻혀 낸다.

숙수의
조언

• 편증을 만들어 동백유에 살짝 튀기면 바삭거림까지 더해져 스낵이 된다.

한 그릇 먹으면
든든한 보양식
동충하초 오리들깨탕

나이가 들면 오리, 흑염소를 먹는 것이 건강에
좋다고 한다. 특히 오리는 중풍을 막아주는 보양식
이다. 데친 오리를 넣고 끓인 후 들깨와 찹쌀가루를
섞은 물을 넣어 졸여준다.

요리. 조무순

재료

오리 1마리
마늘 3쪽
생강 1쪽
건조 동충하초 30g
밤 3알
대추 6알
은행 10알
불린 찹쌀 1/2컵
들깨가루 1/2컵
물 10컵
된장 3큰술
국간장, 소금 조금

만들기

1. 오리를 씻어 먹기 좋게 자르고, 끓는 물에 데쳐 냉수에 헹군다.
2. 마늘과 생강은 편 썰고 건조 동충하초를 넣어 푹 끓인다.
3. 밤은 껍질을 벗기고, 대추는 씨를 뺀다. 은행도 씻어둔다.
4. 찹쌀과 들깨에 물 1컵을 붓고 갈아서 깁체(가는 체)에 내린다.
5. 동충하초 육수에 오리를 넣고 끓이다가 익으면 된장을 풀어 중불로 30분 동안 끓인다.
6. 인삼, 밤, 대추를 넣고 20분 더 끓인다.
7. 들깨찹쌀물을 넣고 걸쭉해지면 간한다.

가늘게 썰어 조렸구나
장똑도기

채 썬 소고기를 살짝 삶아 양념장에 바싹 조리면
고급스러운 밑반찬이 된다.

요리. 장인자

재료

소고기 100g

양념장

집 진간장 2큰술
(10년 이상 된 조선간장
은 달고 짜지 않아 조림,
약식에 많이 쓴다.)

다진 파 2작은술

다진 마늘 1작은술

설탕 1작은술

후춧가루 약간

참기름, 깨소금, 설탕
1작은술씩

마무리 참기름
꿀 따로 1작은술

만들기

1. 고기는 채 썰어 살짝 삶고, 삶은 물은 조금만 남기고 버린다.
2. 양념장을 부어 바싹 조린다.
3. 조린 볶음에 참기름과 꿀을 1작은술씩 넣어 윤을 낸다.
4. 잣가루로 고명한다.

칠석날에도
빼놓지 않았구나
밀부꾸미

조선의 밀부꾸미는 수입품인 진말(밀가루) 덕분에 귀한 음식이었다. 조선의 서민들은 메밀부꾸미를 먹었고 현대의 우리들은 그 반대다. 밀가루 부꾸미에 애호박과 풋고추를 곱게 채 썰어 얇게 부친 밀부꾸미는 연둣빛 고운 여름날의 낭만이다.

요리. 임경애

재료

애호박 1개
풋고추 5개
밀가루 2컵
소금 약간
부침유 약간

만들기

1. 애호박은 채 썰어 소금에 절였다가 꼭 짜서 밀가루에 버무린다.

2. 풋고추도 애호박 크기로 채 썰어 밀가루에 버무린다.

3. 남은 밀가루에 조개육수를 조금 넣고 개서 애호박, 고추 버무린 것과 섞어 반죽을 만들어 얇게 부친다.

더덕 두드려 고기 발랐구나
산삼좌반

2001년 청계천 고서점 폐지들 속에서 발견된
『산가요록』은 조선시대 명의가 산가山家에서 생활
할 때 필요한 것을 기록한 책으로 230여 가지의 조
리법, 음식 저장법이 있다. 또한 세계 최초 온실 개
발법이 수록된 것이 특징이라 하겠다. 『산가요록』
은 궁중음식연구원에서 연구하여 책으로 만들어
졌다. 연구원에서 공부할 때 실습하고 먹어본 것
들 중 산삼좌반은 반찬으로 내기 좋았다. 옛사람
들은 더덕을 산삼 대용으로 썼다.

요리. 임경애

재료

더덕 400g
다진 소고기 200g
(우둔살)
국간장 2컵
더덕에 바를 참기름 3큰술

메밀가루즙

메밀가루 2큰술
밀가루 1큰술
물 1/2컵
참기름 1큰술

고기 양념

간장 2큰술
다진 파 2큰술
다진 마늘 1큰술
깨소금 1/2큰술
후춧가루 조금

만들기

1. 더덕은 끓는 물에 삶아 껍질을 벗겨 방망이로 살짝 밀고 간장에 색이 날 만큼만 담갔다 꺼내 말린다.
2. 고기는 양념하여 치댄다.
3. 말린 더덕에 참기름을 바르고 한쪽 면만 밀가루를 살짝 뿌리고 고기를 바른다.
4. 메밀가루즙을 만들어 더덕에 묻혀 지져 낸다.

묵에 고기 넣어 볶으니
술술 넘어가네
묵초

묵은 우리나라만의 고유한 음식이다. 전분과 물을 끓여 쑤어 굳힌 것으로 녹두로 만든 청포묵은 부드럽고, 메밀로 만든 메밀묵은 구수하다. 도토리로 쑨 도토리묵은 쌉싸름한 맛이 좋고, 옥수수로 만든 올챙이묵은 재미있게 스르륵 목구멍으로 넘어간다.

자른 묵에 다진 고기를 양념하여 볶다가 물을 부어 조리며 장을 조금 넣어 익히면 묵이 투명해지며 묵초가 된다. 따뜻할 때 찌개 대신 올리면 부드러운 찬으로 좋다.

요리. 임경애

재료

청포묵 200g
소고기 50g

고기 양념
간장 1/2큰술
설탕 1작은술
다진 파 1작은술
다진 마늘 1/2작은술
깨소금 1/2작은술
참기름 1/2작은술
후춧가루 약간
고명용 잣가루 1/2큰술

만들기

1. 묵은 먹기 좋게 썰어 끓는 물에 넣었다 뺀다.

2. 소고기를 다져서 양념하여 볶는다.

3. 볶은 소고기에 묵을 넣어 같이 볶아낸 후 잣가루를 뿌려 낸다.

쌀뜨물에 새우젓, 두부 넣고 끓여
젓국조치

궁중에서는 찌개를 조치라고 했다. 젓국조치라고 하는 음식의 젓국은 새우젓을 말한다.

국에 비해서 건더기가 많고 국물이 적다. 조치는 뚝배기에 안쳐 밥솥에 찌거나 중탕하여 오래 끓이면 제맛이 난다. 젓국조치는 쌀뜨물에 새우젓으로 간을 맞추는데 재료에 따라 달걀, 명란, 두부 등을 쓸 수 있다.

요리. 임경애

재료

두부 200g
쌀뜨물 2컵
새우젓국 1작은술
쪽파 3뿌리
고추 1/2개
참기름 1작은술

만들기

1. 쌀뜨물을 끓여 새우젓을 넣고 두부를 네모지게 썰어서 넣고 익힌다.

2. 두부가 익으면 3cm 길이의 실파와 고추를 어슷 썰어 넣는다.

3. 한소끔 끓으면 불을 끄고 참기름 한 방울을 뿌린다.

고구마 썩둑썩둑 썰어
고구마깍두기

『한국민속종합조사보고서』에 고구마를 썰어서
절여 두었다가 고춧가루, 쪽파, 미나리를 섞어 버
무려 담근 김치가 나온다. 가을걷이인 고구마와 사
과를 섞어 김치를 담그면 별미다. 고구마와 사과를
깨끗이 씻어 껍질의 영양도 더한다.

요리. 정현아

재료

고구마 1.5kg
사과 썬 것 200g
절임용 소금 1/2컵
쪽파 4뿌리

양념

고춧가루 1컵
마늘 3통
생강 1큰술
새우젓, 멸치액젓 1/2컵씩
찹쌀풀
(찹쌀가루 1큰술
+ 다시마육수 1/2컵)
통깨 1큰술
다시마육수 1과 1/2컵

만들기

1. 고구마와 사과는 베이킹소다로 문질러 씻은 후 사방 2cm 정도로 깍둑 썰어 소금에 20분간 절인다.
2. 다시마를 8시간 동안 물에 담궈 냉침하여 육수를 준비한다.
3. 다시마육수에 찹쌀가루를 넣고 저어가며 풀을 끓인 후 식힌다.
4. 마늘, 새우젓, 생강은 곱게 다진다.
5. 쪽파는 1cm 길이로 썬다.
6. 다시마육수 1컵에 고춧가루를 넣어 불린다.
7. 양념 재료를 한데 담아 골고루 섞어 양념을 만들어 김치를 버무린다.

젓갈도 필요없구나
간장겉절이

고추가 조선에 수입되기 전의 침채류는 소금, 간장, 술지게미 등에 절여 발효한 것이 김치였다. 간장과 식초로 버무리는 겉절이는 즉석에서 먹을 수 있는 아삭함이 좋다. 묵은지가 지겨워질 봄과 여름의 김치다.

요리. 정정여

재료

얼갈이배추 400g
열무 400g

양념

시판 간장 60g
매실청 20g
레몬즙 30g
굵은 고춧가루 10g
간 마늘 60g
쪽파 70g
대파 흰 부분 2대
흑임자 10g

만들기

1. 얼갈이배추와 열무는 씻어서 7cm 길이로 썰고 대파도 7cm 길이로 썰어둔다.

2. 마늘은 육쪽마늘을 찧어서 쓴다.

3. 쪽파도 7cm 길이로 썬다.

4. 얼갈이배추, 열무, 쪽파, 대파를 간장으로 먼저 절여 채소의 숨을 죽인다.

5. 고춧가루, 매실청, 레몬즙, 마늘, 흑임자를 넣어 골고루 버무린다.

숙수의 조언

• 장김치는 젓갈을 쓸 수 없는 시대에 필요한 옛날 음식이다. 노랗게 삭혀도 김치 맛은 좋다.

잣과 통후추 넣고
묶어 튀긴
매듭자반

다시마를 길게 잘라 모양을 잡고 튀긴 것으로
궁중식 밑반찬이다. 통후추와 잣이 씹히는 맛이
특별하고 매듭 모양으로 하나하나 모양을 만드는
것이 정성스럽다.

요리. 임원숙

재료

다시마 큰 것 1장
통후추 1큰술
잣 1큰술
설탕 약간
튀김유 조금

만들기

1. 다시마는 물에 적신 면보로 닦고 젖은 면보로 잠시 싸두었 다가 길이 10cm, 너비 2.5cm로 잘라 매듭을 만든다.

2. 매듭 다시마 속에 통후추와 잣을 1알씩 넣고 양쪽 끝을 리본 모양으로 자른다.

3. 200°C의 끓는 기름에 튀겨 설탕을 뿌린다.

◈
육수 달여 전복에 부으니
향기 높구나
전복장

요리. 박선정

재료

육수용

황칠 1kg
다시마 50g
디포리 10마리
사과 1/2개
양파 1개
청양고추 2개
대파 1/2개
생강 1쪽
건표고버섯 2개
대추 3개
건스테비아잎 2g
고추씨 5g

전복장

전복 1kg
물 1L
조선간장 10g
진간장 90g
올리고당 100g
레몬 1/4쪽
인삼 1/2쪽

만들기

1. 전복을 세척해서 김이 오른 찜기에 넣고 백포도주를 스프레이로 골고루 뿌려 10분간 찐다.

2. 달인 육수와 전복장 재료를 합쳐서 끓인 후 찐 전복에 부어 하루 숙성한다.

청정지역에서만 자라는
가장 작고 투명한 새우로 만든
자하젓

요리. 박선정

재료

자하 1kg
고춧가루 50g
설탕 30g
마늘 20g
소금 200g

만들기

1. 연한 소금물에 자하를 씻어 소쿠리에서 물을 빼고 소금과 버무려 놓는다.

2. 다음 날 나머지 재료도 넣고 살살 버무린다.

3. 저온에서 숙성한다.

숙수의 조언

• 청양고추를 다져 버무려 낸다. 겨울에 무김치를 자하젓으로 버무려 담가 어른들에게 선물하는 풍습도 있었다.

쌉싸름한 맛이 별미더라
황칠순 장아찌

요리. 박선정

재료

황칠순 1kg
간장 300g
설탕 300g
물 300g
식초 300g

만들기

1. 황칠의 여린 순을 따서 세척하고 물기를 거둔다.
2. 간장물을 달여 식혀서 황칠순에 부어 숙성한다.

숙수의
조언

· 황칠을 달여 삼계탕에 넣는 식당은 많이 있지만
청정지역 완도의 황칠순을 맛본 사람들은 많지
않다. 깊은 맛과 건강함을 얻을 수 있는 식자재다.

파래보다
넓은 잎 파래로 시원하게
국파래냉국

요리. 박선정

재료

파래 400g
파프리카 1개
양파 1/4개
오이 1/2개
물 800ml
오미자청 4작은술
소금 1큰술
설탕 2큰술
식초 6큰술

만들기

1. 파래를 흐르는 물에 깨끗이 씻어 물기를 거둔다.
2. 야채를 예쁘게 썰어 오미자청에 버무린다.
3. 나머지 냉국 재료를 타서 파래에 부어준다.

 숙수의
조언

• 국파래된장국도 별미다.

보릿고개시절 구황 해초였던
톳으로 만든
톳장아찌

요리. 박선정

재료

톳 1kg
간장 300g
설탕 300g
물 300g
식초 300g

만들기

1. 톳을 깨끗이 씻어 펄펄 끓는 물에 초록빛이 나도록 데친다.
2. 찬물에 식혀 물기를 뺀다.
3. 간장, 물, 재료를 팔팔 끓여 한 김 뺀 후 톳에 부어준다.

• 톳장아찌를 물에 담갔다 건져 솥밥에 넣어도 맛있다.

장물에 조려 윤기나는
전복초

요리. 박선정

재료

전복 4개
간장 4큰술
물 4큰술
설탕 4작은술
다진 파 4작은술
다진 마늘 1작은술
생강즙 1작은술
깨소금 1작은술
후춧가루 조금
참기름 조금
녹말물
(녹말가루 2작은술
+ 물 2큰술)

만들기

1. 전복을 씻어 끓는 물에 살짝 데쳐 살을 분리하고 내장을 떼고 썬다.

2. 냄비에 조림장을 바글바글 끓여 둔다.

3. 전복에 조림장을 붓고 끓여 국물이 졸아들면 녹말물을 만들어 고루 뿌린다.

4. 불을 끄고 참기름을 조금 넣어 뒤적인다.

고기가 밤을 품었구나
밤선

요리. 박선정

재료

껍질 벗긴 밤 10개
전분 1작은술
다진 소고기 300g
(우둔살)

고기 양념
다진 파 2큰술
다진 마늘 1큰술
소금 1작은술
후추 조금

조림장
물 1/2컵
간장 2큰술
설탕 2큰술
청주 5큰술
참기름 1큰술

만들기

1. 껍질 벗긴 밤을 찐다.

2. 다진 소고기를 양념한다.

3. 조림장을 끓여 반으로 졸인다.

4. 찐 밤에 양념한 고기를 10등분하여 밤 하나마다 양념한 고기를 경단 만들 듯 전분가루에 입혀 김 오른 찜기에서 찐다.

5. 조림장을 끓여 찐 완자를 넣고 조린 후 불을 끈 상태에서 참기름을 넣는다.

◈

작게 만들어 한입에 쏙
김장아찌

요리. 장인자

재료

김밥용 김 20장
생강채 20g
통깨 1작은술

조림장

간장 1/2컵
프락토올리고당 1/2컵

만들기

1. 김을 3 x 3cm 크기로 자른다.

2. 조림장을 끓여서 식힌 후 생강과 통깨를 넣는다.

3. 김 서너 장에 한 번씩 조림장 양념을 발라 재운다.

세상 꽃들 중
가장 종류가 많다는 장미
장미청

석류보다 풍부한 에스트로겐 섭취가 가능한 청
이 있다. 말린 장미꽃잎과 시럽, 레몬즙만 있다면
손쉽게 만들어 차로 마실 수 있다. 세상에서 가장
종류가 많은 꽃인 장미는 오감이 즐거운 식자재이
기도 하다.

요리. 장인자

재료

장미꽃차 40g
레몬즙 원액 200ml
시럽 - 설탕과 물 1 : 1
(설탕 4컵, 물 4컵을 끓여
1.5L를 만든다.)

만들기

1. 물과 설탕을 냄비에 넣고 젓지 않고 끓인다. 설탕이 녹으면 약불로 줄여 시럽을 진하게 졸인다. (10분 정도)

2. 불을 끄고 꽃잎을 넣은 후 뚜껑을 닫는다.

3. 색이 우러나면 레몬즙을 넣는다.

가을무는 인삼과 맞잡이라
개성무찜

개성지방에서 잔치할 때 빼놓지 않았다는 이 음식은 소고기, 닭고기, 돼지고기 세 가지와 무를 넉넉히 넣고 조려 함께 하는 맛의 조화로움을 맛보게 한다.

요리. 정현아

재료

밤톨 크기로 썬 무 200g

4cm 크기로 토막낸
돼지등갈비살 200g

소고기 사태살 200g

닭고기 닭봉으로 200g

은행 10알

생률 5알

대추 특초 5알

만들기

1. 무는 밤톨 크기로 모나지 않게 다듬어 끓는 물에 소금을 넣고 살짝 데친다.

2. 고기 세 가지는 끓는 물에 넣었다 건져 찬물에 씻은 후 비슷한 크기로 썰어 양념장에 재운다.

3. 은행은 볶아 껍질을 벗기고 밤도 껍질을 벗긴다. 대추는 씨를 발라 준비해둔다.

4. 냄비에 고기를 넣고 고기가 잠길 만큼의 물을 부어 센 불로 끓이다가, 중불로 국물이 반으로 줄 때까지 졸인 후 무와 밤, 대추를 넣고 은근히 조려낸다.

5. 불을 끄고 참기름을 한 바퀴 두른다.

대추를 고음이라
대추고리

대추고를 만들어 찹쌀죽을 끓이면 대추고리가 된다. 대추고에 설탕, 꿀을 넣을 수도 있겠으나 대추살이 많은 별초를 쓰면 당을 첨가하지 않아도 달콤한 대추고를 만들 수 있다.

요리. 송미경

재료

대추고 2큰술
찹쌀미음 끓일
찹쌀가루 2큰술
물 1컵
소금 약간
잣가루 1큰술

만들기

1. 대추를 깨끗이 씻어 하룻밤 물에 불린다.

2. 대추가 잠길 만큼 불린 물을 넣고 삶아서 체에 내린 후, 대추 껍질과 씨앗을 제거하여 페이스트 상태가 되도록 졸여 대추고를 만든다.

3. 찹쌀풀을 쑤듯 소금을 넣고 끓여 체에 한 번 내린 후 대추고를 넣어 한소끔 끓인다.

4. 잣가루를 올린다.

조상들의 지혜로운
보관법이로구나
살구떡

행병(杏餠)이라 하는 이 떡은 『증보산림경제』에 나온다. 제철의 살구를 즙을 내려 쌀가루에 버무리고 말려 보관했다 떡을 해드셨다는 지혜가 향기롭다. 옛날에는 살구즙 넣은 쌀가루를 말려 한지에 싸서 처마에 매달아 놓고 썼다.

요리. 송미경

재료

멥쌀가루 5컵
씨를 뺀 살구 500g
소금 1/2 큰술
삶은 콩 2컵

만들기

1. 씨를 뺀 살구는 쪄서 체에 내린다.
2. 쌀가루에 살구즙을 넣고 잘 비벼서 체에 내린다.
3. 내린 쌀가루는 바짝 말려 보존할 수 있다.
4. 김이 오른 찜기에 살구떡가루와 삶은 콩을 켜켜이 앉혀 20분간 찌고, 5분 동안 뜸 들인다.

• 사진의 살구떡은 건살구를 레시피 재료의 쌀가루와 살구로 감싸서 만들었다.

만들어 두면 요긴한
북어장아찌

명태만큼 이름이 많은 생선이 또 있을까? 그만큼 우리들의 밥상에 많이 올랐고, 그래서 지금은 우리 바다에서 씨가 마른 어종이라 유감이다. 북어로 장아찌 양념하여 숙성하면 밑반찬으로 좋고 김밥 속 재료, 주먹밥 재료로 다져 넣어도 좋다. 골뱅이 무침, 비빔국수 양념다대기에도 이것을 다져 넣으면 조미료 대신 딱 좋다.

요리. 송미경

재료

북어채 100g
고추장 2큰술
고운 고춧가루 1큰술
고춧가루 1큰술
다시마, 표고,
북어대가리 육수를 넣어
끓인 간장 2큰술
꿀 2큰술
동결건조 마늘 4쪽
동결건조 생강 2쪽
조청 2큰술

만들기

1. 북어채를 뜯어 육수에 잠깐 담갔다 건진다.

2. 맛간장에 고추장, 고춧가루, 꿀, 조청, 생강, 마늘을 넣어 한소끔 끓인다.

3. 양념장에 북어채를 버무리고, 소주로 닦은 다시마로 덮어 2개월 숙성한다.

◈
풍요를 비는 마음을 담아
알떡

궁중 기록에는 '오리알산병'이라는 웃기떡이 있다.
그림은 없어 형태는 이북 음식인 알떡과 비슷하리라
추측한다. 다산과 풍요의 상징인 알떡을 먹기 좋게
메추리알 크기로 빚었다.

요리. 송미경

재료

멥쌀가루 1컵
익반죽용 물 조금

소를 만들 재료

거피팥 1/2컵
계피가루 1큰술
꿀 반컵
고물용 거피팥 1/2컵

만들기

1. 쌀가루를 끓는 물로 익반죽하여 잘 치대서 쫄깃하게 만든다.

2. 소는 거피팥과 계핏가루, 꿀을 섞어 빚어둔다.

3. 떡은 소를 넣어 메추리알 크기로 빚는다. 빚은 떡을 끓는 물에 삶은 다음, 건져내어 얼음물에 넣어 식힌 후 물기를 뺀다.

4. 삶은 떡에 꿀을 조금 발라 거피팥을 묻혀 낸다.

떡쟁이들도
좋아한다는 맛
개성주악

개성주악은 찹쌀과 멥쌀가루를 반죽하여 빚어
기름에 튀긴 떡이다. 개성지방에서는 이 예쁘고도
맛난 주악을 잔칫상, 혼례식의 폐백과 이바지 음식
으로 썼다.

요리. 최정수
사진. 최정수

재료

찹쌀가루 150g
밀가루 50g
감태가루 4g
막걸리 50g
설탕 10g
물 2~4큰술

집청

조청 250g
물 50g
생강즙 20g
통계피 10g
소금 약간

만들기

1. 조청, 물, 생강즙, 통계피, 소금을 넣어 끓기 시작하면
   약불로 10분 정도 집청을 졸인다.

2. 찹쌀가루와 밀가루를 체에 한 번 내려두고, 막걸리에 설탕
   을 녹여 가루 내린 것과 섞는다.

3. 끓는 물로 2.를 송편 반죽하듯 치대서 23g씩 소분하고 둥
   글게 빚어 마지펜을 사용하여 반죽 중앙에 구멍이 끝까지
   나도록 성형한다.

4. 90°C의 기름에 떡을 넣고 떠오르면 160°C로 연한 갈색이
   될 때까지 튀겨 기름을 빼고 집청에 버무려 완성한다.

따뜻하게 먹으면 감기약
향설고

『부인필지』는 향설고를 '단단한 문배의 껍질을 벗겨 왼 푸주를 박아 꿀물을 넣고 얇게 저민 생강을 넣어 숯불을 세게 하지 않고 서서히 조려 빛이 붉고 꿀이 속속들이 들어간 후 씨가 무르게 만든 것'이라고 하였다.

배의 껍질을 벗겨 통후추를 박고, 생강 끓인 물에 끓여 내는 배숙(이숙梨熟)이라고도 한다.

요리. 송미경

재료

단단한 배 1개
생강 저민 것 60g
통후추 1큰술
물 5컵
원당 150ml
고명용 잣 1작은술

만들기

1. 껍질을 벗긴 생강은 얇게 저며 물을 붓고 끓기 시작하면 중불로 줄여서 끓인 뒤 면보에 걸러 둔다.

2. 배는 4등분하고 껍질을 벗겨 씨는 도려내고 다시 가로로 2등분한다. 모가 난 가장자리는 도려내어 모양을 다듬는다.

3. 통후추는 닦아 젓가락을 사용하여 배에 깊숙이 박는다.

4. 생강 끓인 물에 배와 원당을 넣고 약불로 뭉근하게 끓이다가, 배가 투명해지면서 떠오르면 차게 식혀 잣을 띄운다. (겨울에는 따뜻하게 내도 좋다.)

천년의 과자 약과에
생강향 듬뿍
생강약과

고려시대 원나라에 끌려갔던 공녀들이 만들어 고려병이라는 이름이 붙었던 약과는 우리 한과의 대표적인 유밀과다. 옛날에 진말이라 불렸던 수입 밀가루와 생강청, 참기름이 주재료인지라 고급 과자였던 약과는 아무나 매일 먹을 수 있는 것이 아니었을 것이다.

요리. 임원숙

재료

개성약과

중력분 200g

소금 1/2 작은술

후춧가루 약간

참기름 30g

생강청 50g

소주 40g

집청

조청 600g

생강 20g

물 75~100ml

만들기

1. 밀가루에 소금, 후추, 참기름을 넣고 손으로 비벼 중간체에 내린다. 강인희 선생은 이것을 해우라고 하셨다.

2. 생강청과 소주를 섞어 밀가루에 세 번에 나눠 넣으며 가루가 보이지 않도록 섞는다.

3. 반죽을 가볍게 한 덩어리로 뭉쳐 네모지게 모양을 잡고 반으로 잘라 겹쳐 누르고 다시 한 덩이로 만들기를 세 번 반복한다.

4. 0.8~1cm 두께로 밀어 30분간 휴지한 뒤, 2~4cm 크기로 자르고 칼집을 넣는다. (잘 튀기기 위한 칼집이다.)

5. 150~160°C에서 자주 뒤집어가며 갈색이 나도록 튀겨 기름을 뺀다.

6. 조청 600g, 생강 20g, 물 75~100ml를 넣어 끓여둔 집청 시럽에 기름 뺀 약과를 넣어 집청하고 건져낸다.

건강하고 맛나구나
도토리떡

배고프던 시절의 구황식품이 이제는 웰빙음식
이 되었다. 도토리는 현대인의 몸에 쌓인 중금속을
배출하는 효과가 있다. 도토리떡은 강원도나 충청
도의 향토 음식이다.

요리. 최정수

재료

도토리 가루 3컵
찰수수 가루 3컵
소금 1작은술
꿀 1/2컵

고물
팥 3컵
강낭콩 3컵
소금 2작은술

만들기

1. 팥과 강낭콩을 씻어 함께 푹 삶아 소금을 넣고 으깬다.

2. 도토리 가루와 찰수수 가루를 합쳐 소금과 꿀을 넣어 비빈 후 중간체에 내린다.

3. 1.의 고물을 면보에 깔고 떡가루를 안치고 고물로 덮어 25분간 찌고, 5분 동안 뜸 들인다.

검은 빛이 아름답구나
흑마늘정과

검은 빛이 도는 인삼, 대추, 마늘은 공이 들어
간 만큼 이롭다. 흑마늘정과는 전자밥솥과 시간이
재료다.

요리. 최정수

재료

마늘 속을 두 겹 남기고
간 것 1kg
전자밥솥
정과 만들 사양꿀 500g
물 500g
소금 조금

만들기

1. 통마늘을 깨끗이 씻어 속껍질을 남기고 껍질을 벗겨 모양은 유지한 채로 준비한다.

2. 전자밥솥에 보온 상태로 15~20일 두면서 하루 한 번은 뒤집어 준다.

3. 흑마늘이 된 상태로 거풍한 후 60°C 건조기에 7시간 이상 두면 젤리 식감이 난다.

4. 그대로 먹어도 좋고 꿀과 물을 섞은 당침물을 끓여 불을 끄고 당침한 후 다음 날 다시 같은 과정을 반복하여 정과를 만든다. (세 번 이상 반복.)

경상도의 후식이 좋구나
대추징조

대추는 많이 먹으면 살이 찌는 것 이외에는 단점이
없는 과실이다. 대추를 술과 설탕에 절였다 만드는
징조는 경상도식 후식이다.

요리. 최정수

재료

대추 500g
청주 1컵
설탕 1컵
조청 1컵
참깨 1컵

만들기

1. 대추를 세척하여 물기를 빼고 청주, 설탕을 1:1 비율로 섞어 대추를 절인다. (8시간 정도)

2. 절인 대추를 10분간 찌고 조청에 굴린다.

3. 참깨에 조청 입힌 대추를 굴린다.

진말 볶아 잣을 뿌리니
건乾 알판

건알판은 밀가루가 귀한 시절에 매일 먹기는 힘들었던 꿀, 참기름, 잣을 넣어 빚은 한과다.

요리. 최정수

재료

밀가루 1컵
참기름 2~3큰술
꿀 5~6큰술
잣 70g

만들기

1. 밀가루를 노란 빛이 날 때까지 약불로 볶는다.

2. 볶은 밀가루에 꿀과 참기름을 넣고 골고루 섞어 달군 팬에서 저어가며 익힌다.

3. 익은 반죽을 반대기 지어 잣을 뿌리고 유산지로 덮는다.

4. 밀대로 밀어 모양을 만든 후 예쁘게 자른다.

곱게 수놓아
개떡이 아니구나
잎새떡

쑥갠떡을 개떡이라 한 것은 모양새를 신경 쓰지 않고 턱턱 빚어 보릿고개를 넘겼던 떡이기 때문이다. 소박한 이 떡 반죽을 잎새 모양으로 빚고 콩으로 장식하니 고운 건강떡, 잎새떡이로구나.

요리. 송미경

재료

멥쌀 5컵
소금 1/2큰술
생쑥 100g
삶은 강낭콩 1컵
참기름 2큰술

만들기

1. 쑥은 소금을 약간 넣어 푹 삶아 찬물에 깨끗이 헹구고, 물기를 거두어 곱게 썬다.

2. 멥쌀을 8시간 이상 불려 소금으로 간하여 곱게 빻은 후 물을 부어 버무리고 쑥을 넣어 빻는다.

3. 말랑하게 반죽하여 바로 냉동하면 언제든지 해동하여 떡을 빚을 수 있다. 잎새 모양으로 성형하여 콩을 한 알씩 박아 20분간 찌고, 5분 동안 뜸 들인 후 참기름을 바른다.

숙수의 조언

• 자연의 산물 속 푸른 빛 재료들, 예를 들면 쑥, 녹차, 보리싹 등을 활용하여 변형 가능하다.

들깨 듬뿍 고소함 가득
들깨떡

특유의 고소한 맛을 가진 들깨는 건강식품으로 인기가 높아지고 있다. 갈아서 탕을 끓일 때 넣는 것은 조선시대에 유행하던 조리법이다. 생들깨를 멥쌀떡에 넣었더니 그냥 찌면 가래떡용으로 좋고, 들기름에 지지면 고소한 맛이 배가 되어 즐겁다.

요리. 조무순

재료

멥쌀가루 1컵
생들깨 1/2컵
반죽용 소금 조금
들기름 조금

만들기

1. 멥쌀가루를 익반죽한 후 다시 생들깨를 넣고 치대어 성형한다.

2. 김이 오른 찜기에 20분간 찌고, 불을 끄고 5분 뜸 들인다.

3. 떡을 들기름에 지져 간장을 찍어 먹어도 좋고, 지진 떡으로 떡국을 끓여도 별미다.

숙수의 조언

• 떡국용 떡을 석쇠나 팬에 구워 끓여 먹는 경험도 좋지 않을까?

골고루 푸짐하고
인심이 넘치는구나
씨종지떡

강원도의 향토 음식으로, '씨종지'는 '씨종자'의 방언이다. 모심기가 끝난 후에는 함께 일한 모든 이를 위해 잔치상을 차렸다. 곡간에 남은 볍씨를 빻아 넣고, 팥, 강낭콩, 대추, 햇쑥, 호박고지 등을 푸짐하게 넣었는데, 이는 풍요로움을 상징한다. 강릉 창녕 조씨 종가댁에서는 포식해, 씨종지떡, 영계 길경탕으로 상을 차렸다.

요리. 송미경

재료

멥쌀가루 5컵
꿀 1/2컵
밤 4개
대추 10개
강낭콩 삶은 것 1/2컵
팥 삶은 것 1/2컵
호박고지나 감말랭이
조금

만들기

1. 멥쌀가루에 소금과 꿀을 넣어 체에 내린다.

2. 밤, 대추, 강낭콩 등 부재료들을 섞는다.

3. 찜기에 올려 30분간 찌고, 5분 동안 뜸을 들인다.

숙수의 조언

• 떡을 많이 찔 때는 연잎을 덮어 찌면 연잎 향이 짙게 밴다. 식은 후 그대로 포장재로 쓰면 정성스럽기까지 하다.

가을무가 인삼보다 낫구나
무정과

'참외밭집 딸내미는 아파도 무밭집 딸내미는 아프지 않는다'라는 속담이 있다. 무는 365일 먹어도 탈이 나지 않는 채소다. 가을걷이로 만든 무정과는 다른 정과 뺨칠 정도로 맛과 투명함이 좋다.

요리. 정정여

110

재료

무 1개
설탕 1컵
조청 4컵

만들기

1. 무는 원하는 크기의 길이(두께는 0.4cm)로 껍질째 가로 썰기하여 끓는 물에 소금 조금 넣고 삶는다.

2. 삶은 무를 건져 정과 시럽 끓인 것에 넣고 투명해질 때까지 약불로 조린다. (정과는 여러 번 나눠 조리고 당침하기를 반복하면 그 빛이 아름답다.)

진달래로 덮은
동산이더냐?
진달래떡

옛사람들은 봄날의 꽃을 따서 화전을 부치고 술
을 빚어 대지의 봄볕과 맛을 즐겼다. 꽃전은 귀한
분께 드릴 수 있는 마음이다.

요리. 정정여

재료

찹쌀가루나 멥쌀가루 1컵
진달래꽃잎차 1컵
반죽용 차 조금
꿀 조금

만들기

1. 떡가루를 반죽할 때 꽃잎을 넣는다. 그럼 반죽이 고와진다. 만약 꽃잎이 없다면 꽃잎차를 넣어주면 된다.

2. 쌀가루에 찻물을 끓여 식혀 수분을 주고 김 오른 찜기에 쪄낸다. 꽃잎은 한 김 나간 떡에 붙여 장식한다.

3. 꿀이나 올리고당을 뿌려 단맛을 더한다.

물에 동동
원소병

원소병은 옛날 중국 삼국시대에 하북의 원소가 만들어 먹던 떡이라는 이야기가 있다. 원소병은 떡을 빚어 꿀물에 띄운 음청류로, 꿀의 종류에 따라 맛과 급이 달라질 수 있다. 우리나라는 정월 보름날 밤에 먹었던 절식이다.

요리. 정정여

재료

찹쌀가루 1컵
색 물들일 가루들 조금씩
(계피가루, 솔잎가루,
호박가루, 지초가루)
끓는 물 조금씩(반죽용)

만들기

1. 찹쌀가루에 색을 낼 가루를 덜어 섞는다.

2. 찹쌀 반죽을 치대어 경단을 빚는다.

3. 경단을 끓는 물에 삶은 후 얼음물에 식혀 쫄깃함을 더한다.

4. 꿀물은 취향껏 타서 떡을 띄운다. 떡이 떠오르지 않으면 꿀을 더 넣는다.

고운 빛이 어디서 왔더냐?
맨드라미떡

옛날 여인들은 장독대 옆에 맨드라미를 심었고 그 꽃으로 물김치를 담아 고운 빛을 냈다. 맨드라미차는 떡반죽에 넣어도 그 빛깔이 고와서 자주 쓴다. 꽃잎을 차로만 마시기에는 아깝지 않은가?

요리. 정정여

118

재료

찹쌀가루 1컵
맨드라미 꽃차 1큰술
반죽용 소금 조금
끓는 물 조금
떡을 완성할 꿀 조금

만들기

1. 쌀가루에 꽃차를 섞고 소금을 넣어 체에 내린다.

2. 끓는 물에 익반죽하고 삶아 얼음물에 씻어 낸다.

3. 꿀을 묻혀 떡을 완성한다.

보라깻잎 고운 빛에
건강함 더한
차조기시럽

보라깻잎이라고 하는 차조기는 우메보시의 붉은 빛을 물들이는 재료다. 또한 차조기잎은 안토시아닌이 풍부하여 시럽을 만들어 소다에 타 마시면 기운을 차리게 한다.

요리. 정정여

재료

줄기 뗀 차조기잎 200g
물 1.5L
설탕 500g
식초나 시판 레몬즙 1컵

만들기

1. 물을 끓여 차조기 잎을 넣고 한소끔 끓인 후 불을 끄고 5분간 맛을 우려낸다. (색소가 빠져 잎이 파래지면 건져서 겉절이를 한다.)

2. 붉은 빛이 우러난 차조기물에 설탕을 절반 넣고 끓이다가 레몬즙이나 식초를 넣는다. 붉은 자색이 나면 남은 설탕을 넣고 전체 양이 2/3가 되도록 졸인다.

3. 불을 끄고 식혀 맛을 보고 산을 추가한 후 식으면 소독한 병에 담는다. (실온 4개월 보존 가능.)

조선의 궁궐 잔치에
빠지지 않았던
두텁떡

유명한 음식들은 이름이 많다. 두텁다고 하여 두텁떡에 '두터울 후'를 써서 '후병(厚餠)'이라 한다. 또 떡가루가 봉긋하게 쌓여 익은 모양새가 봉우리 같다고 하여 '봉우리떡'이라고도 하고, 또 합병(盒餠)이라고도 한다.

요리. 정정여

재료

찹쌀가루 5컵
집 진간장 1과 1/2큰술
꿀 1/2컵(떡가루용)
볶은 거피팥(거피팥 3컵)
집 진간장 1과 1/2큰술
꿀 1/2컵(소 반죽용)
계피가루 1/2작은술
(볶음용)
후춧가루 조금
팥소(볶은 팥고물 1컵)
밤 2개
대추 5개
잣 2큰술
계피가루 1/2작은술
(빚는용)
절인 유자껍질 1큰술
유자청 1큰술

만들기

1. 떡가루는 찹쌀가루에 간장을 넣어 비벼 중간체에 내리고 안치기 직전 꿀을 넣고 비벼 다시 중간체에 내린다.

2. 거피팥이나 동부콩을 충분히 불려 거피하여 물기를 빼고 푹 찐다.

3. 2.를 대강 찧어 어레미에 내리고 팥고물, 꿀, 계피가루, 후춧가루, 간장을 넣어 섞은 다음, 팬에 보슬보슬 볶아 식힌 후 어레미에 내린다. (어레미는 굵은 체를 말한다.)

4. 껍질을 벗긴 밤과 씨를 뺀 대추는 채 썰고, 잣은 고깔 떼고 유자 껍질은 곱게 다진다.

5. 볶은 팥고물에 밤, 대추, 계피가루, 잣, 유자를 섞어 2cm 크기로 빚는다.

6. 찜통에 면보를 깔아 고물을 고루 편 후 떡가루를 한 수저씩 간격을 두고 앉힌다. 그 위에 팥소를 하나씩 올리고 다시 떡가루로 덮은 후 팥고물도 얹는다.

7. 김이 오른 후 20분간 찌고 떡을 하나하나 숟가락으로 떠서 비닐봉지에 하나씩 포장한다. (그래야 떡이 촉촉하고 맛있다.)

빛깔 곱고 보존력 좋구나
들기름설기

강원도 지역의 고사떡이었던 들기름설기는 쉬이 상하는 팥고물 대신 들기름 먹인 쌀 고물을 썼다. 멥쌀가루에 들기름 섞어 팬에 고슬고슬 볶은 고물의 빛은 은은하게 곱기도 하다.

요리. 조무순

재료

멥쌀가루 5컵
꿀물 100ml
(물과 꿀 1 : 1)
고물용 멥쌀가루 3컵
들기름 3큰술

만들기

1. 쌀가루에 꿀물을 넣고 비벼서 중간체에 내린다.

2. 고물용 쌀은 불려서 끓는 물에 한 번 넣었다가 꺼내어 말린
   후 곱게 갈아 쓴다.

3. 2.의 고물용 쌀가루에 들기름을 고루 비벼 중간체에 내려
   팬에 볶는다.

4. 찜기에 고물을 깔고 설기 쌀가루를 퍼서 깐 다음, 다시 고
   물 깔기를 반복하여 켜켜이 안쳐 20분간 찌고, 5분 동안
   뜸 들인다.

귀리와 감자가 만나
귀리투생이

강원도의 향토 음식 귀리투생이는 귀리가루 반죽을 감자에 깔고 찌다가 우연히 만들어진 떡인듯하다. 투박하지만, 해 먹기 좋은 한 끼니가 된다. 귀리는 한 말을 심어 한 가마니 생산되는 작물인데, '슈퍼푸드'라고 알려진 이후로 몸값이 더 올랐다.

요리. 정현아

재료

귀리가루 1컵
감자 2개
소금 2작은술
감자전분 2큰술
들기름 조금

만들기

1. 찐 감자에 소금 1작은술, 감자전분 1큰술을 넣고 반죽한다.

2. 귀리가루에 소금 1작은술, 전분 1큰술을 넣고 익반죽한다.

3. 감자를 빚은 반대기에 귀리떡 반죽을 올려서 20분간 찌고, 5분 동안 뜸 들인 후에 붓으로 들기름을 바른다.

들깨의 잎을 따서
깻잎떡

비닐이 없던 시절에는 떡반죽을 싸서 찌는 포장재 대신 담쟁이잎이나 깻잎 등을 사용했다. 요즘 같은 공해 시대일수록 옛날 함경도식 깻잎떡이 더욱 곱게 보인다. 떡갈나무잎, 망개나무잎, 동백잎, 솔잎 등 자연을 이용한 우리 음식은 향기로우며, 자연 친화적이다.

요리. 정현아

재료

멥쌀가루 2컵
소금 1작은술
깻잎 적당히
들기름 적당히
(깻잎은 들깨의 잎이므로
들기름이 잘 어울린다.)

만들기

1. 소금과 물을 넣고 익반죽한다. 어느 정도 반죽이 진행되면
   남은 멥쌀가루 1컵을 마저 넣고 익반죽한 뒤 30분 동안
   숙성시킨다.

3. 손바닥에 들기름을 조금 묻히고, 깻잎을 접었을 때의 크기
   보다 조금 작게 떡반죽을 성형한다.

2. 깻잎에 떡을 싸서 20분간 찐 후, 붓으로 들기름을 바른다.

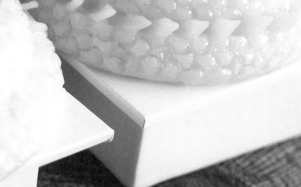

귀한 가래떡
용떡

용떡은 혼례상에 올렸던 떡으로, 두 마리 용을
빚어 입에 각각 밤과 대추를 하나씩 물렸다. 음양의
조화와 다복을 바라는 기원을 담아 혼인한 다음 날
용떡 떡국을 끓여 부부에게 먹였다.

요리. 김미선
사진. 김미선

재료

불린 멥쌀 1kg
소금 1작은술
참기름 약간
장식용 밤, 대추 1개씩
서리태 4알

만들기

1. 8시간 동안 불린 쌀의 물기를 거두고, 소금을 넣어 빻는다.

2. 쌀가루에 물을 1컵 정도 넣고 손으로 버무려 30분 동안 찐 후, 소금물을 묻혀가며 찰기가 생기도록 치댄다.

3. 용 모양으로 굵고 길게 성형한 다음 입에는 밤과 대추를 각각 물리고, 눈에는 불려서 찐 서리태를 붙인다.

만수무강 기원
거북송편

거북은 십장생 중 하나로 장수의 상징이다. 모양 송편에 꽃은 많으나 거북은 없어서 금손 청안선생에게 빚어보시라 하여 탄생한 송편이다. 디자인 특허를 받은 떡이다.

요리. 김미선
사진. 김미선

재료

단호박 분말을 넣어
익반죽한 멥쌀가루와
흰색 쌀가루 반죽 130g씩
깨와 설탕을 섞은 소 60g
참기름 약간
소금 약간

만들기

1. 쌀가루에 취향껏 단호박 분말을 넣어 섞고, 끓는 물로 익반죽하여 노란색 반죽을 만든다. 흰색 반죽은 쌀가루에 끓는 물로 익반죽하여 만든다. 이때 쌀가루에 소금 간은 약간만 한다.

2. 송편 떡 반죽은 13g씩 등분하고, 각 반죽마다 소를 2~3g씩 넣어 동글동글하게 빚는다.

3. 마지펜으로 거북등을 성형하고, 머리 모양을 빚어 검은깨를 세로로 꽂아 눈을 만든다. 꼬리와 다리를 만들어 붙인 다음 20분간 찌고, 5분 동안 뜸 들인 후 붓으로 참기름을 바른다.

조청 빛이 아름답구나
도라지정과

요즘은 미세먼지가 많아져 기침을 하는 분들이
많다. 목이 아프고 가슴이 답답할 때, 기관지에 좋은
정과로는 도라지가 있다.

요리. 최윤교

재료

도라지 1kg
꿀 100g
조청 1kg
물 700g
생강 50g
통계피 20g

만들기

1. 도라지는 깨끗이 씻어 끓는 물에 약간 휠 정도로 데친다.
2. 꼬치로 도라지에 구멍을 뚫은 다음, 냄비에 도라지와 조청을 넣고 센불에서 끓인다.
3. 끓기 시작하면 약불로 20분간 달인다.
4. 3.을 네 번 반복하고 다섯 번째 순서에 통계피와 달인물을 넣어 두 번 더 반복한다.
5. 마지막으로 꿀을 넣고 끓인 후, 도라지를 건져 한 주 이상 건조한다.

그 빛이 귀하구나
곤떡

빛이 곱다 하여 고운떡으로 부르다가 곤떡이 되었다는 충청도의 특별한 떡이다. 화려한 빛깔 덕분에 웃기떡으로 많이 사용했다. 붉은빛을 내는 지초로 기름을 추출하여 색을 냈다.

요리. 최윤교

134

재료

찹쌀가루 5컵
뜨거운 물 1컵 정도
(반죽 상태를 보고
가감한다.)
지치 50g
지짐유 1/2컵
꿀 1/2컵

만들기

1. 찹쌀가루에 뜨거운 물을 부어가며 익반죽한 후 젖은 면보를 덮어 30분 동안 숙성시킨다.

2. 둥글납작하게 반죽을 빚어서 지치유에 지져 꿀을 뿌린다.
   - 지치유는 기름(지짐유)에 지초를 넣고 끓인 후 식혀서 사용한다.

제철에 만들어 두고 먹는
밤조림

밤은 식감과 특유의 맛은 좋지만, 속껍질인 율피를 벗기는 일이 수고스럽다. 속껍질을 조려 먹는 율피 밤조림은 율피의 탄닌 성분까지 먹을 수 있다. 탄닌은 콜레스테롤 수치를 낮추고 당뇨병 예방에도 효과적이다.

요리. 박지현

겉껍질을 벗긴 밤 500g
설탕 200g
베이킹소다 1큰술

만들기

1. 냄비에 물을 넉넉히 넣고 끓으면 불을 끄고, 밤을 넣는다. 물이 미지근해지면 겉껍질을 벗긴다.

2. 다른 냄비에 겉껍질을 벗긴 율피밤과 밤이 잠길 만큼의 물을 넣고, 소다를 섞어 끓인다. 끓기 시작하면 약불로 20분간 삶는다.

3. 흐르는 물에 삶은 밤을 씻어 아린 맛을 뺀다.
   (2.와 3.과정을 두 번 반복한다.)

4. 냄비에 밤이 잠길 정도로 물을 붓고, 설탕의 1/3을 넣어 끓인다. 설탕이 녹으면 다시 1/3을 넣고 끓이는 것을 반복한다. (총 세 번에 걸쳐 설탕을 1/3씩 나누어 넣고 끓인다.) 약불에서 1시간 정도 거품을 거두면서 졸인 후, 식힌다.

5. 체에 거른 국물은 센 불에서 1/3 정도 증발시키고, 남은 국물과 밤을 함께 보관한다.

농사 지어 쑤었더니
그 맛이 최고구나
호박범벅

범벅이란 일종의 죽으로 곡식가루에 감자, 옥수수, 호박 등을 넣고 풀처럼 쑨다. 부재료로 새알심, 콩, 고구마 등을 넣으면 단순한 구황작물이 아닌, 멋진 한 그릇 식사가 된다.

요리. 박지현

재료

껍질과 씨를 제거한
늙은 호박 1kg
껍질과 씨를 제거한
단호박 200g
찹쌀가루 2컵
껍질을 벗겨 깍둑 썬
고구마 200g
팥과 콩 1/2컵씩
물 6컵
소금 2작은술

만들기

1. 늙은 호박과 단호박은 껍질을 벗기고 씨를 뺀 후 썰어서
    냄비에 담는다. 냄비에 호박이 잠길 정도로 물을 붓고 푹
    삶는다.

2. 팥과 콩은 각각 씻어 끓이다가 한소끔 끓고 나면 물을 버
    리고 새 물을 부어 삶는다.

3. 고구마는 깍둑썰기한다.

4. 무르게 끓인 호박을 주걱으로 으깨고, 고구마를 넣어 끓인
    다. (블렌더로 갈지 않고 으깨는 것이 더 맛있다.)

5. 고구마까지 익으면 팥과 콩을 넣고 더 끓이다가 찹쌀가
    루를 물에 개어 끓는 죽에 뚝뚝 떠서 넣는다.

6. 눌지 않도록 저으면서 끓이다가 5분 동안 뜸 들인 후 소금
    으로 간한다.

**숙수의
조언**

• 범벅은 새알심을 빚어 넣는 것보다 거칠게 떠서 끓
  이는 편이 겨울에 차갑게 먹기에 좋다.(액체 상태의
  떡을 먹는 기분이다.)

• 차가운 범벅을 뚝뚝 떠서 고물에 굴려 먹어도 별미다.

대추를 돌돌 말아
고추장을 덮으니
대추장아찌

대추는 많이 먹으면 살이 찌는 것 외에는 해로운
것이 없는 과실이다. 태양빛을 머금은 붉은빛만큼
맛도 탐스러운 열매라 하겠다.

요리. 정현아

재료

대추 30개(3개씩 1세트)
고추장 1컵
꿀이나 올리고당 1컵

만들기

1. 씨를 뺀 대추를 돌려 깎고, 깎은 대추 세 개를 김밥 말듯이 감아 하나의 덩어리로 만든다. (실로 묶을 수도 있다.)

2. 작은 통에 대추말이를 세워 넣고, 고추장과 꿀(올리고당) 을 섞은 양념을 뿌려 재운 후 숙성시킨다. (바로 먹어도 별 미다.)

숙수의 조언

• 먹을 때는 썰어서 참기름, 깨 조금 더해서 무쳐도 좋다.

떡일까? 반찬일까?
석좌반

1800년대 고조리서 『윤씨음식법』에 나오는 음식이다. 음식법이란 가문에 내려오는 조리서로 『최씨음식법』,『이씨음식법』도 있다. 『윤씨음식법』은 부여 조씨가문에서 조씨가문에서 소장해온 것이다.

요리. 정현아

메밀 간수 3컵
밀가루 1/2컵
잣가루 1컵
후춧가루 조금
소금 약간
지치기름

만들기

1. 메밀가루에 밀가루를 섞어 체에 친다.

2. 끓인 물에 소금을 넣어 녹인 것을 반죽에 넣고 빚기 좋도록 떡반죽하듯 반죽한다.

3. 잣가루와 후추를 섞어 소를 동그랗게 빚는다.

4. 대추 크기로 반죽을 빚어 소를 넣고, 석류처럼 성형하여 튀긴다.

숙수의
조언

• 지치라고 하는 지초 뿌리는 기름에 넣으면 고운 빛이 나온다. 없으면 그냥 튀겨도 좋다.

육포와 고추장이 만났구나
육포고추장볶음

고추장볶음이나 다식을 만들 때 달콤한 육포가 들어가면 간이 맞지 않는다. 볶음이나 다식을 만들 때는 당을 넣지 않고 만든 볶음용이나 다식용 육포를 넣는 것이 좋다.

요리. 임경애

재료

육포가루 200g
청주 1/2컵
통잣 1큰술
동결건조 마늘 10g
동결건조 대파 10g
동결건조 청양고추 10g
꿀 1컵
물 1/2컵
시판 고추장 1컵

만들기

1. 육포가루는 블렌더로 곱게 갈고, 잣은 고깔을 뗀다.

2. 육포가루에 청주를 붓고 부드럽게 불린다.

3. 육포가루 불린 것에 시판 고추장 1컵과 나머지 향신 재료들을 넣고 물을 부어 끓인다.

4. 양념이 걸쭉해지면 잣과 꿀을 넣고 어우러질 수 있도록 중불로 끓인다.

썩둑썩둑 잘라
메밀칼싹두기

메밀은 상고 시대부터 있었고 세모꼴로 모가 나서 모밀이라고도 한다. 고산 지대의 자갈밭(개간지)에서 거둔 메밀이 맛있기로 유명하다.

칼로 썩둑썩둑 잘랐다고 하여 '칼싹두기'라고 하는 이 음식은 콧등을 치면서 먹는다는 의미로 '콧등치기국수'라고도 하는 강원도 향토 음식이다.

요리. 임경애

재료

메밀가루 1/2컵
밀가루 1/2컵
소금 조금
물 60ml(반죽할 만큼)

육수

팬에 구운 멸치 10g
다시마 10g
물 1L
잘게 썬 배추김치 100g
청장 1/2큰술
소금 1작은술
다진 파 1큰술
다진 마늘 1작은술

만들기

1. 냄비에 멸치와 다시마, 찬물을 넣고 한소끔 끓이고, 뚜껑을 덮은 채로 식힌 후에 멸치와 다시마는 건져낸다.

2. 메밀가루와 밀가루에 소금이 들어간 뜨거운 물로 익반죽하여 잘 치댄 후 30분 동안 숙성시킨다.

3. 덧가루를 뿌린 도마에서 반죽을 밀대로 밀고, 굵게 썬다.

4. 육수에 김치 썬 것을 넣고 한소끔 끓인 후에 국수를 넣고 끓인다.

5. 국수를 끓이는 동안 청장과 소금으로 간을 하고, 마지막으로 파와 마늘을 넣고 불을 끈다.

굴러다니던 배즙이
귀하구나
배조청

배조청은 배즙을 활용하여 만들면 아주 활용도
가 높다. 집에 먹지 않고 그대로 방치된 배즙이 있
다면 조청을 만들자.

요리. 임경애

재료

배즙 1L(10봉)
식혜 1L

만들기

1. 배즙과 식혜 물을 섞어 끓인다.

2. 양이 절반이 될 때까지 졸인다.

3. 찍어 먹는 용도나 조림용 양념, 불고기 간 등으로 활용한다.

제주의 맛은 어떨까?
제주동지김치

꽃이 피기 전의 어린 줄기와 잎이 있는 배추를
동지배추라 한다. 꽃피기 전 담그는 제주의 대표
봄김치다.

요리. 정숙경
사진. 정숙경

재료

동지배추 2.5kg
소금 250g
물 2L

양념

고춧가루 60g
멸치액젓 35g
새우젓 40g
찹쌀죽 1/2컵
다시마육수 1/2컵

육수

물 500ml
양파 1/4개
멸치 50g
다시마 20g
마늘 35g
생강 20g

만들기

1. 배추는 씻은 다음, 소금물에 2~3시간 동안 절인다.
2. 찹쌀죽은 찹쌀과 물을 1 : 7의 비율로 쑤어 식힌다.
3. 마늘과 생강은 갈거나 다지고, 멸치·다시마육수에 찹쌀죽을 제외한 모든 양념 재료를 섞어 김치 양념을 만든다.
4. 절인 배추의 물기를 빼고, 양념에 버무려 담는다.

조선시대 최고의 김치 재료
조기를 품었구나
조기포기김치

머리에 돌이 박혀 있다고 하여 '석수어(石首魚)'
라 불리는 조기는 식물성인 채소와 만나면 단백질
풍부한 김치로 거듭난다.

요리. 정숙경
사진. 정숙경

재료

배추 4포기
소금 400g
물 20컵

양념

조기 살 500g
쪽파 300g
미나리 200g
갓 300g
무채 1.5kg
배 1개
새우젓 100g
조기젓 200g
멸치액젓 100g
고춧가루 400g
마른 고추 100g
다진 마늘 400g
다진 생강 80g
찹쌀죽 400g
다시마 물 500g
멸치가루 1큰술

만들기

1. 배추는 소금 400g과 물 20컵으로 만든 소금물에 8시간 동안 절인 후, 흐르는 물에 세 번 정도 헹궈 물기를 뺀다.

2. 무는 채로 썰고, 갓, 미나리, 쪽파는 세로로 썰어 놓는다.

3. 물 1L에 다시마 10g 넣어 다시마 물을 준비한다.

4. 양념 재료에 새우젓을 다져 넣은 후, 나머지 부재료를 넣고 버무려 소를 만든다.

5. 배춧잎 사이사이에 소를 넣고 겉잎으로 단단히 돌려 싸서 용기에 눌러 담은 후, 공기를 차단하여 숙성시킨다.

고급스러운
반가김치 맛이 궁금하네
해물반지

전라도 나주 지방의 반가에서 담가 먹었던 전
통 향토 김치 '반지'는 전라도식 백김치를 말한다.
국물 많은 동치미도 배추김치도 아닌, 중간 정도의
김치라 하여 '반지'라고 한다.

요리. 정숙경
사진. 정숙경

재료

절인 배추 4kg
전복 3마리
낙지 2마리
새우 10마리
무 800g
배 1개
갓 100g
쪽파 100g

양념

생강 30g
새우젓 8큰술
마늘 120g
쌀누룩 요거트 1컵
실고추 5g

고명

대파 1뿌리
대추 7개
배 1/2개
사과 1/2개
후추 12알

육수

새우젓 1/3컵
황태 1마리
다시마 20g
표고 30g
대파 200g
크러쉬드페퍼 1큰술
미림 1/2컵
노근 100g
물 4L
조기젓 2~3마리
통후추 1큰술

만들기

1. 배추는 반으로 갈라 소금에 절인 후 깨끗이 씻어 물기를 뺀다.

2. 무와 배는 채를 썰어 준비한다.

3. 갓과 쪽파는 소금물에 절인 후 4cm 길이로 썰어 준비한다.

4. 전복과 새우는 깨끗이 씻고 소금물로 헹군 다음, 마지막에 소주를 조금 부어 잡내를 제거하고, 찜기에 김이 오르면 4~5분간 찐다. 이때 당귀 뿌리 또는 당귀잎을 조금 넣어 찌면 해물 특유의 냄새를 제거할 수 있다.

5. 낙지는 마른 밀가루로 주물러 미끈거림이 없도록 깨끗이 헹구고, 끓는 물에 데쳐 준비한다.

6. 노근은 따뜻한 물 1.5L에 8시간 정도 우려 준비한다.

7. 대파는 마른 팬에 볶은 다음, 물 2.5L와 다시마, 표고, 크러쉬드페퍼, 통후추를 넣어 끓인다. 끓기 시작하면 10분 정도 더 끓인 후 새우젓을 넣고 불을 끄며, 식고 나면 국물을 걸러낸다.

8. 썰어 놓은 무, 배채, 갓, 쪽파에 새우젓 간을 하고, 실고추를 넣어 물을 들인다. 준비된 해물에 쌀누룩 요거트를 넣고 절여진 배추 사이사이에 채운 후, 전복 반쪽을 올리고 배추 끝잎을 이용하여 가지런하게 싼다.

오이와 배추가 만나
외소김치

외소김치는 오이와 배추를 함께 담근 물김치로 면을 말아도 일미다. 모든 김치 재료가 그렇듯이 오이가 신선해야 외소김치도 시원하다. 무를 켜켜이 넣어도 좋다.

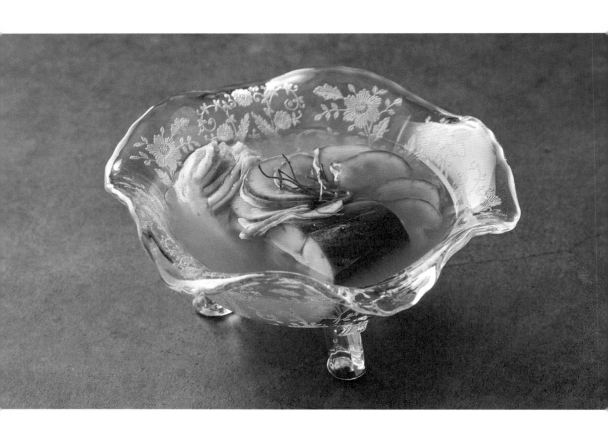

요리. 정주호

재료

오이 4개
오이 절임용
굵은 소금 4큰술
배추 1포기
배추 절임용
굵은 소금 1컵
배추 절임 물 3컵
파 100g
생강 15g
마늘 50g
홍고추 8개
실고추 고추 2개 분량
김치 국물용 소금물
(소금 2큰술 + 물 3컵)

만들기

1. 오이는 씻어 꼭지를 자르고, 양끝을 2cm 정도만 남긴 후 칼집을 세로로 길게 3등분하여 넣은 후, 소금으로 30분 동안 절인다.

2. 배추는 소금을 뿌려 5시간 동안 절이고, 파는 1cm 길이로 채 썬다.

3. 생강과 마늘은 채 썰고, 홍고추는 믹서에 갈아 김치 국물에 섞는다.

4. 재료들을 버무려 오이에 채우고, 배추 절인 것을 적당한 길이와 폭으로 썰어 켜켜이 넣은 후 소금물을 부어 익힌다.

전복에
유자채 수 놓았더냐?
전복김치

『규합총서』의 전복김치는 유자와 배를 넣어
해물의 비린 맛을 느낄 수 없고, 고급스러운 맛만
남는다.

요리. 정주호

재료

전복 10개
유자 큰 것 1개 분량의 껍질
배 1개
소금 적당히
무 1/4개
생강 1톨
파 흰 부분 1대

만들기

1. 전복은 베이킹소다, 식초로 깨끗이 씻어 다듬는다.
2. 내장은 지퍼백에 넣고 방망이로 두드려 터트린 후 냉동시켜 놓았다가 죽 끓일 때 쓴다.
3. 전복은 칼집을 넣고, 가늘게 채 썬 유자 껍질과 배를 소로 넣는다.
4. 소금물은 짜지 않게 타서 전복김치에 붓고 익힌다.
5. 생강과 파는 주머니에 담아 김치통에 넣은 후 함께 익힌다.

가녀린 콩나물도
김치로 담그네
이북식 콩나물김치

이북 음식은 기온 때문에 김치를 짜게 담지 않고 김치 국물이 많아 시원하다. 〈웰컴투 동막골〉의 김중 감독 집안에서 이북김치를 맛본 이후 이북 음식에 관심을 갖게 되었다.

콩나물김치는 서민적이면서도 만들기 쉬운 찬이 된다.

요리. 정주호

재료

콩나물 1.5kg
미나리 300g
절임용 소금 40g
절임용 물 1L
파 20g
마늘 10g
생강 10g
고춧가루 50g

만들기

1. 콩나물을 다듬어 흐르는 물에 씻는다. 냄비에 물 1L와 소금 40g을 넣고 끓인다. 물이 끓어오르면 콩나물을 넣고 비리지 않을 정도로 삶는다.
   - 푹 삶아진 콩나물을 건져 식힌 후 양념한다.
   - 삶은 물에 소금을 넣고 식힌 후 김치 국물로 잡는다.

2. 삶은 콩나물을 채 썬 파와 고춧가루로 버무리고, 마늘과 생강을 채로 썰어 주머니에 담은 후 김치통에 넣는다.

3. 콩나물 삶은 물을 식혀서 입에 맞게 소금으로 간한 후 버무린 콩나물에 부어 하룻밤 익힌다.

음식 만든 분

이정애
(전)공원마트 대표
반가음식 한식대가

박지현
자윤이네 꽃뜰 대표
떡 한식대가

김석애
울산황토옹기탕제원 대표
차 한식대가

장윤정
반가요리전문 홍재 대표
신화수산 대표
한식대가

임원숙
(주)거제동백연구소 대표
한식대가

최정수
백린 대표
떡 한식대가

조무순
아임 대표
들깨강정 및 들깨요리 전문

장인자
장인자의 쿠킹아카데미 대표
한식, 김치 전문

송미경
다미푸드아트연구소 대표
반가음식 한식대가

정주호
(주)이정 대표
동치미 명인 1호
김치 한식대가

정숙경

정숙경 우리 음식 교육개발원 대표
발효음식 전문교육
김치 한식대가

박선정

전남 완도 쌍둥이전복 대표
향토 음식 한식대가

정현아

백년가게 만포면옥 대표
북한음식전문점
북한음식 한식대가

최윤교

광주 떡마실 대표
떡 한식대가

정정여

경북 안동 카페 정Jung 대표
반가음식 한식대가

김미선

경남 거창 청안 대표
떡 한식대가

임경애

다연 한식디저트연구소 대표
차 한식대가

한식명장과 요리연구가들이 만든

우리 음식

2023년 10월 초판 1쇄

글 이성희
요리 이성희, 이정애, 박지현, 김석애, 장윤정, 임원숙, 최정수, 조무순, 장인자,
송미경, 정주호, 정숙경, 박선정, 정현아, 최윤교, 정정여, 김미선, 임경애
사진 최동혁

기획 임영진, 김윤아
디자인 이일지, 강소연
펴낸곳 (주)넷마루

주소 08380 서울시 구로구 디지털로33길 27, 삼성IT밸리 806호
전화 02-597-2342 **이메일** contents@netmaru.net
출판등록 제 25100-2018-000009호

ISBN 979-11-982171-7-2 (13590)